U0581879

市场导向型农业：概述

大卫·卡汉　著

翻译　黄　敏　袁惠民　许怡然　张天瑀　吴丹丹

审校　王　晶　王　川

中国农业出版社

联合国粮食及农业组织

2017·北京

01—CPP14/15

本出版物原版为英文，即 *Market-Oriented Farming：An Overview*，由联合国粮食及农业组织（粮农组织）于 2013 年出版。此中文翻译由中国农业科学院农业信息研究所安排并对翻译的准确性及质量负全部责任。如有出入，应以英文原版为准。

本信息产品中使用的名称和介绍的材料，并不意味着联合国粮食及农业组织（粮农组织）对任何国家、领地、城市、地区或其当局的法律或发展状态、或对其国界或边界的划分表示任何意见。提及具体的公司或厂商产品，无论是否含有专利，并不意味着这些公司或产品得到粮农组织的认可或推荐，优于未提及的其他类似公司或产品。

ISBN 978-92-5-507539-1（粮农组织）
ISBN 978-7-109-22186-4（中国农业出版社）

联合国粮食及农业组织（FAO）中文出版计划丛书
译审委员会

　　人口快速增长、城镇化以及市场自由化等全球范围的变化直接影响着农业生产，农业变得更加以市场为导向，从而更具竞争性。这些趋势要求农民必须提高管理技能和能力，才能应对不断变化的农业环境。农民要想成为更好的管理者，从经营中获得收益，就需要农业推广工作各个环节上的帮助。

　　为满足上述需求，我们出版本套丛书，帮助农业推广人员支持农户应对市场导向型农业带来的新挑战。通过提升农业推广人员在农场管理方面的能力和技能，从而提升推广工作中涉及的农户的相关能力和技能。推广人员帮助农户懂得为何做出某些决策，并帮助他们提高自我决策的能力。

致谢

本书作者向提供帮助的同事和朋友表达感谢。感谢道尔·贝克、史蒂夫·沃思对于本指南的审阅；感谢汤姆·劳克林为本书的印刷及出版事务所做的工作；感谢桑德拉·霍尔特为本书设计插图；以及感谢迈克尔·布利斯为本书的设计、排版和制作所做的贡献。

贝克和巴曼先生针对本书的草稿提出了宝贵的意见，这些意见都得以采纳。最后，要感谢马丁·希勒米的大力支持，他对本指南的数个版本进行了审阅，提出了修改的技术性建议，并负责了本书的印刷和出版事务。

目录

丛 书 简 介

农 场 管 理

　　农场管理对很多推广人员而言都是一个挑战，因为他们的经验和实践大多是关于生产和技术转让。这就要求借助市场营销和商务管理方面的建议来增加农场收入。什么是农场管理？简单地说，它如同企业经营中的决策过程，包括规划、实施和监控。假定以盈利为目标，这个过程的核心就是分析农户的资源和市场。

　　本书搜集整理了一些素材，为推广人员在农场管理方面提供支持，并作为发展市场导向型农业的信息和知识来源。

　　本书对比了传统农业和市场导向型农业之间的差异，审视了当今农业系统中快速发生的变化，以及由此产生的农民在农场经营管理中面临的挑战。本书涵盖了各级推广人员的工作职责，并提供了应对上述挑战的相关概念与实践。

　　本套丛书包含六项指南，用于应对市场导向型农业发展中的主要问题。每项指南的主要内容和简要描述如下。

1. 市场导向型农业：概述

　　通过农业推广人员在农场管理方面的能力建设和技能提升，从而提高推广农户相关能力和技能的提升。

　　人口快速增长、城镇化以及市场自由化等全球范围的变化直接影响着农业生产，农业变得更加以市场为导向，从而更具竞争性。这些趋势要求农民必须提高管理技能和能力，才能应对不断变化的农业环境。农民要想成为更好的管理者，从经营中获得收益，就需要农业推广人员帮助。但对多数农业推广人员而言，由于他们的经验和实践多数来自农业生产和技术转让，经营管理往往是个挑战。因此，帮助推广人员了解农场经营管理的理论和实务，并可以应用到日常的推广工作中，就显得尤为重要。

＊　＊　＊

2. 农场管理推广经济学

为农业推广人员引入一些与小农生产相关的关键性经济原理和概念。

经济学在人们的生活中起着重要作用。农场管理也要懂得经济学，因为它关系到企业的选择和兼并所需要的生产和营销决策。及时、恰当的资源分配对于了解市场导向型农业如何运作十分必要，同时也反过来说明怎样利用经济学原理提高效率和盈利能力。本指南旨在让农业推广工作者了解一些适用于农业生产的经济学原理。

※　※　※

3. 农业生产风险管理

本书介绍了风险的概念，可能发生风险的情况，以及可以用来降低或弱化风险影响的管理策略。

本书目的是使农业推广人员和农民识别并懂得他们可能面临的风险，帮助他们做出更好的农业管理决策，降低农业经营中遭遇到的风险的负面影响。本书描述了风险的主要来源，并按功能分为几个标题，包括生产风险、市场风险、金融风险、法律风险和人力资源风险这几个类别。影响这些风险类别的因素包括气候变化、价格波动、全球金融危机，以及个人的健康福祉。

※　※　※

4. 运用标杆管理法进行农业企业分析

列举了有助于农业企业实现盈利和高效运作的要素，引入标杆管理法的概念，作为分析和更好地理解农场企业化经营的工具。

标杆管理法着眼于收集被认为是"成功"企业的农场信息。利用这些信息，把成功的农场与其他农场进行对比，可以获得一些有益的见解，从而改善农场的生产、营销和管理。这些见解和发现有助于提高农场的效益。该指南就如何在农业领域开展标杆管理法提供了循序渐进的方法。

※　※　※

5. 农业生产中的企业家精神

了解什么是企业家精神以及农民成为企业家的必备素质。

本指南旨在农业推广者更好地了解农业产业中的企业经营理论和实务。内容涉及农民的企业环境、集体化企业经营，以及小农户成为企业经营者所面临的一些障碍和挑战。本书研究了提升企业经营能力的方式、企业家农户如何应对经营中的挑战，以及农业推广能够给农民提供哪些支持来提升能力。本指南突出了推广人员在鼓励农户进行战略规划、营造创新和风险承担环境中的作用。

✻ ✻ ✻

6. 农场管理专家在推广工作中的作用

专业化的农场管理在农场企业化运营和营销当中的潜在作用。

本丛书最后一册旨在提升推广政策制定者、项目经理和技术推广员的意识，认识到有必要在推广系统中专门设立专业化农场管理岗位。本指南阐述了推广专家在这个新技术领域中的工作，以及他们作为信息传播者和价值链推动者的主要任务，并进一步详述了这些技术工作的责任范围，涵盖了调研、策划、营销、培训和推广方面。

✻ ✻ ✻

结　语

　　由世界经济变化引发的农业生产的变化对推广工作者产生了深远影响。农民愈发感到要对农场活动的性质做出根本决策。对于许多农户尤其是小规模农户而言，农业生产一直是为家庭生产食物。但是现在，他们周围的世界在发生变化，要求他们手里有钱。农民需要更具企业家精神，更加以市场为导向，像经营企业那样经营他们的农场。

　　要实现这一转变，农民不仅需要技术方案来解决生产问题，还需要关于市场、农场管理和金融方面的信息。他们需要培养成为企业家的能力，需要用来管理竞争性创收农场的知识和技能，包括投入管理、生产管理和营销管理。农民的变化意味着推广人员也要做出相应的变化。要为"农民企业家"提供支持，推广人员需要获取同样的知识和技能。

　　农场管理方面的推广工作在帮助农民从传统的生产驱动型农业过渡到市场和利润驱动型农业的过程中可以发挥巨大作用。这包括帮助农民学会在变化的环境中分析、解释和定义他们的农业生产经营，以及如何确定并采取恰当的管理措施。

第一章

背　　景

一、要　点

影响农业的变化

市场自由化、全球化、人口学和收入的变化、城镇化、信息技术、气候变化以及全球金融危机都影响到世界各地的小农户。这些变化既带来了挑战，也带来了机遇。无论在何种情况下，这些变化都向农民发出了信号，就是要认真考虑他们未来农业生计的问题。

传统农业

数千年来，多数家庭都遵循着传统的农场管理方式，即农场的主要作用是为家庭提供食物。传统农场不是企业，而是家庭的谋生之道。农场的决策与经营农场的家庭决策紧密相关。同样，农场的目标主要取决于家庭的目标。而家庭的决策和目标主要取决于家庭发展的阶段——孩子出生之前、孩子成长阶段以及孩子长大以后。

市场导向型农业

市场导向型农业以定期出售农产品的市场盈利为驱动。市场导向型农场依然与经营农场的家庭密切相关，但其目标和决策则较少受到家庭的影响，而是更多由市场、农产品价格和农业投入成本决定。

农场作为企业

在市场导向型的农业中，农场是作为一个企业进行运作的，购买投入品，用其生产农产品并进行销售，以获得现金收入。主要的目标是增加利润——利润是成本与收入的差额。该农场企业是一个较大价值链的一部分，即将原材料转化为农产品并进行出售和消费的一个组织、加工、交易的体系。要想在市场导向型农业中获得成功，农民需要农场经营管理方面的知识。

农场管理

市场导向型农业要求农民具备农场管理方面的知识。农场管理是一个决策过程，包括设定目标、制订计划、执行计划和监督产出。农场管理关注的主要领域包括生产、资金和市场。以盈利为目标是农场企业化经营的核心思想。

推广人员和小农户需要知晓和掌握在农业中发生的变化以及由此带来的新环境产生的机遇和风险。农场的企业化经营是农场未来实现繁荣发展的第一步。

二、影响农业的变化

过去30年，由于政策变化、城镇化、人口增长、气候变化、技术革新和金融危机等原因，很多发展中国家的农业发生了迅速变化。这些变化均对农业生产产生了影响，重新定义了农民所面临的众多问题和关切。

1. 市场自由化和全球化

过去30年，政策发生了变化，经济自由化程度提高，政府在经济中的作用不断弱化。一些发展中国家的农民获得了参与经济活动的机会。全球化和日益增长的跨国贸易为一些农民进入区域和国际出口市场提供了机会。

> 变化为农民创造了很多机遇……
>
> ……也带来了更多风险

自由经营程度化更高的市场要求农民更有效地使用稀缺资源。经济自由化和全球化带来了机遇，同时也产生了风险。农民面临的挑战是如何调整家庭农场体系，使其适应不断变化的市场条件和机会。

2. 人口学、城镇化和收入

另一个全球范围的变化是人口学。虽然农村人口在持续增长，但越来越多的人迁移并定居在城镇。这就导致了越来越多的城镇居民要靠越来越少的农民来养活。很多国家出现了富裕的城市中产阶级，对安全、新鲜、高价值和高品质食品以及蔬、果、肉、蛋、奶的加工食品需求不断增加。此外，新的生产、采后和运输技术的出现使得农产品可以以新的形式提供，这也进一步导致了需求变化。这些变化就要求农民改变农业生产体系来应对挑战。

随着人口的快速增长、城镇化和经济的发展，对食品和原材料的需求明显增加。农产品价格上涨已成为一种长期趋势，主要原因是对食品的需求增加，但供给有限。

3. 信息技术

过去 10 年来，移动电话和互联网等信息技术的使用越来越普遍。加上广播和电视，这些技术为信息交流提供了新的机会。这些强大的技术需要被推广人员使用，从而惠及农民。另一方面，农民也需要探索新机会并提升能力。推广人员可以发挥重要作用，教会那些可以获得新的信息技术的农民利用信息技术。

> 推广人员可以发挥重要作用，教会那些可以获得新的信息技术的农民利用信息技术。

当然，农技推广人员也面临着挑战。一个常见问题就是如何有效利用信息技术、使农民受益的同时，又与农民保持好个体联系。

4. 环境

气候变化、世界人口的不断增加、经济增长和有限的自然资源给环境可持续发展带来了长期的严重问题。过去 20 年，世界范围内可耕农田的增长速度已经大大下降；在许多热带和亚热带地区土壤养分耗竭，在一些脆弱地区土地退化和荒漠化持续增加。水资源缺乏是影响干旱半干旱地区农民生计的一个严重问题。

不断变化的农耕环境迫使农民从自给农业向市场农业转变……

传统的自给农业已不再可行

……这要求耕作方式、农民技能和农民能力作出改变。

不断演变的农耕体系需要更好的方法，例如更好的耕地准备

由农场集体所有的拖拉机是农场通过引进改良技术走向市场化的一大进步

　　以市场为导向的生产首先要了解市场和市场需求，
然后选择能够满足这些需求并创造利润的合适的企业和程序。

销售农产品的"现货市场"

定期集结的农贸市场

须有定期、可靠的货源，要求新鲜、安全、高价值和高品质的产品

很多国家的农民都迫切需要改变农业生产体系来适应变化的环境，这样才能保证生产力的提升和收入增长的可持续性。随着农民变得更加以市场为导向，他们必须认识到，如果对自然资源基础管理没有予以足够重视，短期的生产力、盈利能力和收入的增长往往是不可持续的。收入增长应被视为一个长期目标。

5. 全球金融风险

当前全球经济衰退和金融危机已经导致了农民的可获资本的减少。农民更加抱怨缺乏融资渠道，农场经营和购买农具、农机和围栏等物资都需要资金。农民融资难的例子越来越多。即使有可能获得资助，银行也往往不愿意贷款给小农户。小农户的贷款申请往往评估时间长，管理成本更高。这样农民想要扩大农场业务规模和把握机会，都会遇到困难。

> 由于农民经常面临资金短缺问题，他们必须具备更好的管理资本的技能。

尽管农民可能认为资金短缺是主要或唯一的问题，但通常情况并非如此。农民缺乏财务管理资本的技能往往是一个更大的问题。

＊　＊　＊

以下章节比较了传统农业与农业企业化经营的理念。从"生产第一"向为市场生产高价值产品转变。意在突出农民必须作出哪些决定以及市场导向型农业中农民必须掌握的技能。

三、传统农业

1. 什么是传统农业?

传统农业以使用简单技术为基础，满足农户家庭的生产和消费需求。农业决策诸如生产什么、使用什么样的技术，与家庭决策诸如吃什么、怎样分配时间，是紧密相连的。传统的农民将管理农场生产与农户家庭的消费需求相结合。

> 自给型农场和半商业化农场的一个主要特征是农场和家庭的密切关系。

传统农业通常称为自给农业，因为没有生产盈余或者生产全部由家庭消费。由于传统经济和商品经济的不断交织，许多传统农民除了生产主要用于家庭消费，也会将剩余部分出售到市场——他们正变得更加市场化。这部分人被称作"半商业化"或"新型商业化"农民。

半商业化农民的市场力量有限。他们的产品供给不定期、不可预测、产量低，组织效率低，因而不具备议价优势。这些农民是"价格接受者"；也就是说，他们只能接受由市场决定的当前价格。出售产品的农民多，而买家寥寥无几。农民作为个体没有影响价格的能力。

> 半商业化农场产量低、市场供给不稳定、价格低。

完全自给自足型的农场目前在发展中国家也很少见到了。农场通常呈现不同程度的市场导向，这个链条的一端是完全自给自足型的农场，另一端是完全商业化的农场。

2. 家庭农场决策

传统农业中，决策通常由家庭成员以各种方式共同制定。在有些情况下，可能会存在责任的分担。例如，粮食作物通常是由妇女生产的，而经济作物更倾向由男性生产。同样，在一些文化中，大型家畜由家中的男性负责，小型家畜则是妇女的责任。通常每个家庭成员对一块地或一群家畜拥有独立控制权。

> 传统农民扮演着双重角色……
> ……作为生产者，处理农场经营相关的各类事务。
> ……作为管理者，决定作物种植品种和生产投入。

传统农业中农民既是生产者又是管理者。作为生产者，农民要付出劳动，要处理与农场相关大小事务，还要在田间劳作。农民的传统角色一直是种地和养牲口，但是随着市场导向的加强，仅具备这些技能是不够的。

> 但传统农民往往没有做出完善决策所需要的信息。

作为管理者，农民必须在不同情况下做出复杂的决策或选择。农民面临的决策包括：在每块农田里种植何种作物，在农场饲养哪种家畜以及怎样进行劳动的分工。农民也面临选择，例如应该留下多少头牲口、哪种牲口用于在田间劳作。

即使是在传统农业中，农民也关心怎样有效利用现有资源来实现农户家庭的目标。传统农民很多时候不具备做出知情决策的知识或技能。他们往往依靠直觉或重复其他农民的决定。例如根据其他农户种植同类作物的施肥量来决定自家作物的施肥量。这是一个基础和凭借直觉的决策过程。

3. 家庭农场的目标

几乎所有的农户都住在农场。在大多数自给自足和半商业型农场，农场系统和家庭系统密切相关，农场的目标几乎是不可避免地与家庭的目标相联系。这些目标通常很复杂，包括符合社会标准，确保粮食安全，创收和规避风险。

尽管不同家庭和每个家庭成员的目标不尽相同，一般情况下农民均要实现以下目标：

- 确保充足和可靠的食物供应。
- 赚取现金收入以满足其他物质需求。
- 在不确定的环境中避免风险和生存。
- 有时间休闲和从事非农活动。
- 为将来作准备，赡养老人和抚养下一代。
- 在社区赢得地位和尊重。

> 传统农户需要平衡农场和家庭的需求……
>
> ……生产和消费，以及短期和长期目标。
>
> ……对于传统小农户，这往往是一个非常困难的任务。

这些目标中有许多需要去平衡。农户会对相互竞争的目标进行权衡。农场目标和家庭目标之间经常会出现冲突，一个例子就是食物安全与收入目标之间的冲突。农民关于收入的选择是有限的，或者受到确保家庭食物安全的最低食物数量需求的约束。一旦保证了足够的食物数量，农民就可以自由地追求收入目标。上述目标列表中，任何一个都可以视为一种约束。农户经常要在目标受限和资源有限的情况下作出决定。传统农户最艰难的任务之一就是在生产和消费活动之间建立合适的平衡。

传统农户经常遇到一些相互排斥的目标。他们往往更关心更直接的短期目标而不是长期决策目标。他们面临的挑战是如何在满足直接需求的同时，逐步向更加可持续的、市场导向的、以盈利为中心的农业发展。

4. 家庭农场变化

农户除了多重的竞争性目标，其本身也会发生变化。比如，作为建立在血缘关系基础上的家庭，劳动力供给并不固定。一个家庭的发展可以明确地分为以下几个阶段：

- 早期阶段。没有小孩或者所有孩子都还很小。
- 中期阶段。一些孩子到了可以工作的年龄，住在家里，从事农场的工作或者不在农场工作。
- 后期阶段。孩子已经离开家或者建立了自己的家庭。

> 由于依赖家庭提供劳动力，传统的小农户农场通常随着时间而变化……
>
> ……家庭户主死亡，孩子长大，以及不断变化的家庭消费需求。
>
> ……这些改变可能给农业带来更多风险，但也可能提供更多机会。

这些家庭阶段的划分并不精确，但却反映了随着户主变老，家庭需求发生改变而产生的农场家庭的动态变化。早期阶段，大人小孩都还年轻，家庭消费需求高。虽然父母年轻并精力充沛，但他们也是家中唯一的劳动力，不管是否从事农业生产。

中期阶段，随着家庭劳动力供给的增加，家庭需求依然很高。这个阶段，由于家中较年轻的成员开始独立谋生，他们的需求会与其他家庭成员的目标发生冲突。有些家庭成员可能会寻求非农就业，或建立新的企业。

后期阶段，家庭消费需求降低，户主活力下降。体力和精力逐渐变差，使得农户更加不愿意承担风险。传统农民年纪大了，更倾向于存钱，高效农民的角色逐渐退化。有些时候，留在家中的孩子会接手处理农场事务。老一辈农民则以休闲为主，减少工作时间，生活得更轻松。

最近，艾滋病很大程度上影响了家庭的动态变化。老年夫妇必须照顾他们生病的孩子或者是由于艾滋病而失去双亲的孙辈。

✳ ✳ ✳

四、市场导向型农业

随着地方、区域和国际市场的开放，各国也逐渐走向市场化。农民需要去适应变化的市场环境并从中盈利。在市场上出售的农产品必须数量充足，品质和外观要能与其他地区或国家的同类产品相竞争。以市场为导向的农民需要生产市场需要和消费者满意的产品。

一个成功的农民需要生产市场需要和消费者满意的产品。

随着国家变得更加以市场为导向，其投入和营销体系变得更加复杂和成熟。农民通常受到投入和产出价格波动的影响。小规模农户特别容易受到价格波动的影响。出口依赖型农民也会面临来自于其他国家的农民的竞争；出口的急剧增长可能导致世界价格的下滑。随着农场生产的市场化程度的增加，还可能受到其他的影响。农民必须从混合型农业向更加专业化的方向转变。

政府的政策导向不仅是鼓励农民生产足量优质的令消费者满意的产品，同时也要保持竞争力和可持续性。

农业作为企业，意味着以利润为单一目标代替传统农业的多重目标。

新的农业环境带来了管理理念和前景展望的深刻变化。农民除了产品销售决策，还要基于商业价值判断对产品和投入进行决策。

> 但是要想持续盈利，农民必须以可持续的方式发展农业。

当农场作为企业运营，传统农业的多重目标就被利润这个单一目标所代替。家庭和农场的主要联系是经济——创收。家庭生产和消费目标与农场目标分离。而且，随着农场商业化程度的提高，家庭中的决策者也在发生改变。农场的企业化经营要求农民成为具备企业家精神的更加独立的个体。

> 这就要求农民成为更好的决策者。想要实现这一点，就必须有更好信息和技能的获取渠道。

农民想要抓住市场机遇增加收入，并在新环境中竞争，就必须提高决策能力。仅靠日常工作的经验是不够的，这样风险太大。农民犯不起错误，想要提高竞争力就必须具备更好的农场管理能力。

随着农业变得更加以市场和利润为导向，良好的农场管理技能变得更加重要且不可或缺。

1. 投入-产出市场

传统农业使用的投入品和原材料一般来自于自家农场，如牲畜饲料、堆肥和农家肥。以市场为导向的农户则倾向于购买特别配方的制成品。例如，畜牧生产者一般是购买饲料。尽管他们也可以自己配制饲料，但购买成品饲料效率更高。购买投入的成本往往高于农场自产投入的成本。因此农民必须意识到涉及的成本，才能作出正确决定，确保利润最大化。

> 市场导向型的农业需要对投入和产出市场都有了解。

市场导向型农业要求农民了解不同的市场渠道和投入品供应商、价格与成本之间的差异，以及其他购销条件。比如，当购买投入品时，农民需要关注价格、交货成本、运输、仓储和保质期，还有其他影响买什么、去哪儿买、什么时候买的一系列技术因素。

买什么类型的投入品？从哪儿买？在哪个市场卖？价格和成本之间的差异是什么？……这些都是农民需要考虑的问题

怎样为市场生产取决于市场的性质。一些市场需要的是新鲜、未加工的食品。还有一些结构化的、更加正规的市场，如根据合同向农业企业销售。还有一些市场要求良好的包装和质量保证。市场越正规越结构化，市场条件要求越多，农民就越需要成为农场管理者而不是生产者（图1）。

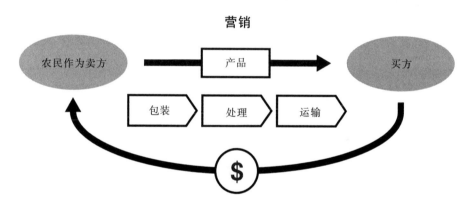

图 1　营销周期中产品和资金的流动

不管是简单市场、复杂市场或者成熟市场，它们的运营基础都是一样的，都包含卖方（农民）提供产品给买方以换取资金的过程。越复杂的市场，买方和卖方之间的中介就越多。市场越复杂，农场就越要采取企业化经营。

2. 农场的企业化经营

现代农场越来越像企业。企业化经营的农场比传统农场的功能更广泛。这些功能不仅包括生产和营销，还包括购买投入品、技术、劳动力和运输方面的决策（图2）。

图 2　农场企业由投入、农场自身、市场构成

　　农场企业是联系投入品供应商与产出市场的公司。通过高效力和高效率的经营，它可以创造价值并最终创造更多利润。利润（有时称为盈余）是总价值和经营成本之间的差额。盈余是赚取利润的表现。

　　农场的企业化经营可以通过图 3* 描述的功能和活动来理解。

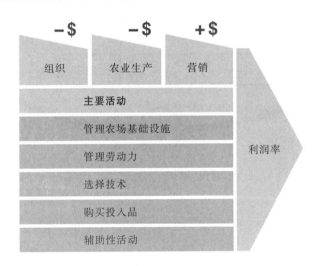

图 3　农场的主要活动和辅助性活动决定了利润率

*上图改编自波特的书《竞争公司》，以便更好地解释农场的企业化运营。

　　每一项活动均使用购买的投入品、劳动、自然资源、资金和技术来完成任务。这些活动可能创造财务盈余或者造成经济损失。这些活动在图 3 中被分为主要活动和辅助性活动。主要活动是包括产品的实体生产以及出售给买方的活动。现代农场管理的主要活动可以分为三大类：组织、农业生产和营销。

主 要 活 动

组织。指在生产过程中使用的材料和投入品的来源、购买和存储以及收集、存储和分销产品给买家的活动。

农业生产。将投入品转化为最终产出的生产活动。

营销。给买方提供购买农产品渠道相关的活动，包括市场渠道的选择，与买方谈判以及定价。

辅助性活动，顾名思义，为农场的主要活动提供支持，可分为以下几类：管理农场基础设施、管理劳动力、选择技术和购买投入品。这些活动支持整个农场运营。

> 农场经营的主要活动和辅助性活动决定了利润率。

辅助性活动

管理农场基础设施。农场没有基础设施就不可能运作，需要对其进行管理和维护。

管理劳动力。指家庭劳动力和雇佣劳动力的周年良好利用。

选择技术。农民对技术进行选择，要求他们有创新性，并具备发现问题、制订解决方案、设计试验以及评估结果的能力。

购买投入品。采购需要识别可靠的投入品供应商，购买投入品——往往是大宗采购——以及监测供应商的表现。

这些活动是构建可持续盈利的农场企业的基石；他们不是独立活动的集合，而是紧密地相互依存。

3. 农场作为价值链的一部分

农场是把原材料转化为产品并出售给消费者的组织和企业系统的一部分。这个系统称为价值链。它由从生产到消费所有利益相关者组成，包括投入供应商、加工商、服务供应商和购买者等。价值链利益相关者的功能可以是直接性的或支持性的。直接性功能包括初级生产、采集、加工、批发和零售。支持性功能涵盖了投入供给、金融服务、运输、包装、推广和咨询服务（图4）。

> 为了能够建立价值链，推广服务需要发展农场管理技能。

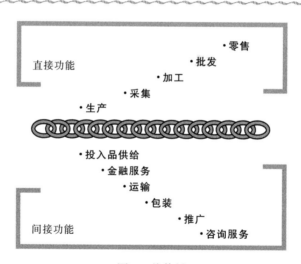

图4 价值链

产品从初级生产者到最终消费者这个链条的每一个环节上，都可以创造价值或产生附加值。农民想要盈利，就必须成为有竞争力的价值链的一部分。他们可以首先改善农场经营，但是也要记住从整个价值链的角度，满足消费者需求、保证产品质量安全以及提高农场的盈利能力。

> 从初级生产者到最终消费者这个链条的每个环节，价值都可以被创造或增加。

什么是价值?

价值可以通过购买者愿意为农场产品支付的金额来衡量,即总收入;这也是农场产品的销售价格和销售量的反映。如果创造的价值超过了产品的生产过程中涉及的成本,那么农场就是盈利的。为购买者创造价值、有效经营和获利是现代农场的目标。

* * *

五、农场管理

农场管理包括三个基本功能:计划、执行和控制。它也包括三个领域的活动:生产、营销和融资。这些功能和活动领域表明,农场企业确实是一个系统,它由实现农民的目的和目标的几个部分构成。

农场管理包括设定目标、计划、调动资源、执行、控制或监督实施。农场管理涵盖范围广泛。它既关注生产,又总是把它同资源和销售联系起来。每一项活动都相互关联密切(图5)。

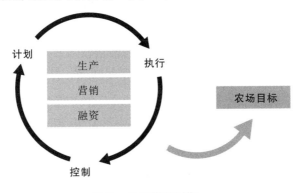

图 5 农场管理周期

市场导向型农场的管理主要是关于制定和实施决策。农民制定和实施决策的能力明显不同。农场成功的管理需要农民具备以下能力：

- 组织和实现农场家庭设定的目标的能力；
- 关于农产品生产和销售的专业技术能力；
- 良好的人际沟通和获得优质信息的能力；
- 做出知情合理决策的能力。

1. 农场管理决策

将农场作为企业经营的农民，不仅需要应对生产方面的挑战，还要能够解决营销、融资、投入品供给、农场基础设施和劳动力等方面的问题。其中的关键是与市场相关的决定，因为农民应该生产什么最终由市场决定。

管理决策涵盖面广，包括在何地、怎样及向谁去销售；如何与地方或出口市场竞争；如何融资并投资于多样化生产；如何组织农业企业提高利润率；在一些情况下还包括如何通过生产合作社或者协会与市场衔接。良好的农场管理的主要特征就是决策面广，特别是涉及市场和营销的决策。

> 良好的农场管理的主要特征是决策面广。

由于农业生产不断变化的性质，农民需要作长期的战略性决策。这些决策通常是复杂的，需要涉及农场的方方面面。主要包括：

- 在土地、资本、劳动力、知识等资源有限的情况下，应采用什么技术才能盈利？
- 如何更好地利用新技术和优化利用新投入？
- 何时和怎样改变农场的业务组合（例如，从单一的作物生产到多样化经营）？
- 哪些产品的市场需求高？
- 农产品要想卖个好价格，需要满足什么样的质量标准？
- 何时、何地和怎样购买投入和出售产品？
- 如何对资源使用和营销做出集体决策？

• 如何迅速找到最恰当且可靠的知识和信息？

农民要能够解决这些问题并做出知情决策，这种能力对应对快速变化的农业环境十分重要。

2. 生产

农民要做出扩大农场生产业务的决策。对小农户而言，农场业务通常包括作物的种植和牲畜的饲养，用来满足家庭食物安全的需要。随着农民变得更加以市场为导向，生产决策还要关注降低生产成本，实现利润最大化。

以市场为导向的农民在做出生产决策时，要考虑他们生产的农产品的市场需求，资源的成本和他们所期望获得的利润。这对农场进一步走向市场十分重要。生产决策必须要考虑成本效益，这样农民才能赚取利润并维持农场企业的运作。

市场导向型农业的农场管理还包括与农场生产活动相关的决策。

如果作物和畜产品可以实现优质高效的生产，农场利润就有可能增加。

市场导向型农民面临的管理问题可以分为：

• 发现业务组织的最佳方式以降低成本。
• 找到最适宜农场体系的业务组合并产生利润。

这些农场管理决策的目的是确保农场及其每个业务板块都是盈利的。

生　产　决　策

• 决定在多样化的选择中生产什么。
• 决定怎样生产（如生产技术）。
• 决定生产多少。
• 决定使用什么样的资源及什么时候使用。
• 决定如何降低农业风险。

农场管理涵盖收集和使用信息，做出更好的生产决策和市场决策，更好地实现农户设定的目标。

关于种植何种作物的农场规划咨询

任何一个农场业务板块的农场管理决策都会影响到整个农场系统。

决定销售产品的数量

同样，关于购买投入、生产和销售的许多决策会对农场管理的其他方面产生影响。

决定利用哪种市场

农场生产要想盈利并保持竞争力，农民需要具备做出更好的知情决策的技能和知识……

……这需要对经济学有更好的理解。

制定在所选市场中销售的合适的价格

3. 销售和投入供给

为了最大限度地提高利润并长期获利，农民不仅要有效地生产作物和畜产品，也要以能产生利润的价格购买投入和出售产品。

> 市场导向型农民需要做采购投入品和销售终端产品的决策。

销 售 决 策

- 决定使用什么投入品及在哪儿得到它们。
- 决定销售多少产品及什么时候销售。
- 决定在哪儿、向谁销售产品及销售价格。
- 决定如何获得溢价。
- 决定利用哪些销售渠道。

与购买方、营销渠道、交货方式、销售成本和销售时间相关的决策都会对农民出售农产品的价格产生影响。此外，所使用的设备、投入品的类型和质量也是市场导向型农场管理的一个重要组成部分。这里涉及两个重要的决策。一是投入品和设备的选择，而另一个是供应商的选择。

> 以低成本购买高质量的投入并溢价出售高品质的产品将会增加农场利润。

农民需要的最重要的信息是对投入品供应商和制造商的了解。农民需要知道哪些供应商和制造商是可靠和可信的。农民也需要关于价格、物品质量以及制造品零配件和维修用品的可靠来源方面的信息。

当决定投入品和设备时，农民需要提出下列问题：

- 技术是否有效？
- 质量是否可靠？
- 价格是否合理？
- 需要使用时在当地是否可以买到？

- 售卖的型号和数量是否合适？

4. 短期、中期和长期决策

决策可分为短期、中期和长期决策。短期决策指农场工作的日常管理。中期决策包括种植计划、购置立即使用的机械设备、是否增加或减少雇佣劳动力、新的作物品种和新的畜牧饲养方式等。长期决策包括农场性质、规模、农场建设和其他长期投资。

农场管理决策

生产决策包括生产什么、如何生产以及投入和产出如何组合等基本问题。在农场管理中，这些决策必须与基本的市场决策相结合，包括何时何地怎样购买投入品和销售产品。最后，上述生产和市场决策还必须与金融决策相结合，包括如何获得资金，获得的条件是什么，如何偿还以及资金如何使用。

5. 相互关系

农场往往是一个综合系统的一部分，所以许多农场管理决策是相互关联的。任何一项业务的管理决策都有可能影响到农场的其他部分。同样，许多关于购买投入品、生产和营销的决策都会对其他功能产生影响。例如，农民想要通过改变种植结构来抓住新的市场机遇。但是新作物的引进会对整个农业系统产生影响。用于种植其他作物的土地将会减少，收入遭受损失；还可能会对土壤肥力和可以获得的家畜饲料产生影响。农场的现金流及产品销售的营销策略都会发生改变。对生产单个作物或畜牧生产业务的决策必须要逐一考虑这个决策对农场其他业务的影响，将农场作为一个整体来看待。需要考虑到的事项涵盖的范围很广。

市场导向型农场的管理要求更严格的决策过程及农民的后续行动。

＊　＊　＊

第二章

农户面临的挑战

一、内容要点

挑战

世界范围内的传统小农户都面临农场转型的挑战。他们面临让农场创造更多收入来养活家庭，而不仅仅是生产食物的挑战。他们还面临传统农场转型为市场导向型、利润驱动型农业企业的挑战。

经济学与管理决策

农业生产要想同时保持盈利性和竞争力，农民需要具备相关的技能和知识来做出更好更合理的决定。这就要求懂一些经济学知识。经济学涵盖了销售和生产相关的决策——即关于农场资源分配，技术和业务选择，以及市场的决策。

风险管理

农户生活在充满风险的环境中。这些风险与他们工作的各个方面相关。农户在做出决策时不能不考虑未来和未来风险。而未来是不可预测的，风险总是存在。成功的市场导向型的农场管理在于承担合理风险，管理风险并在风险暴露和增加利润之间寻求平衡。

具备竞争力和盈利性的农业经营

在这个变化的世界中，农民要与他们的左邻右舍竞争，与邻近的农民竞争，与世界各地的农民竞争。他们必须不断地审视自身的竞争地位。农场需要盈利，农民自身也需要具有竞争力。他们必须能够以低于竞争对手的价格出售，同时仍能盈利。因此，他们必须在资源利用和投入方面变得更有效率，还需要引进改良技术，发展人力资本，提升自身技能和生产能力，并有效利用雇佣劳动力。

企业家精神

由于全球和地方农业环境的变化，许多小农户都面临金融和经济威胁。这些小农户不仅要生存，还要保证农场的长期可持续发展。他们必须不仅是好的管理者，更要具备"企业家精神"，即创新意识、冒险精神和长远的眼光。他们必须是领导者、主动出击并未雨绸缪，还要对未来业务的发展有一个长期的战略性愿景。

推广工作应着重于培养小农户的技能和能力，提升他们的竞争力和盈利能力。这就要求学习经济学，懂得市场导向型农业中的风险以及风险管控方法。

二、挑　　战

市场导向型农业是一个不断变化的行业。农民需要积极主动；需要意识到可能发生的变化并有能力适应和应对这些变化。农民要自觉组织和管控农场，并找出降低风险的方法。

毫无疑问，小农户面临的挑战，如果谈不上是全新的挑战，也至少是独特的挑战。随着城乡人口的快速增长，农民要生产足够的粮食、饲料和纤维（可能还有燃料）；还要尽可能地降低成本，因为多数国内的需求还是来自于穷人。

市场导向型的农场管理需要一个更加严格的决策过程和农户对后续工作的跟进。他们不能再凭直觉或通过模仿邻居的做法来做出决策。他们需要能够帮助他们做出合理正确选择的信息。这就要求他们采取更严密的行动。他们需要：

- 设立目标，对他们想要实现的目标有一些想法。
- 对于生产什么、生产方法、生产数量，以及何时何地销售等作出合理的选择。
- 通过高效力和效率的方式组织和分配资源，具备执行决策的能力和技能。

- 学习监测和评估农场运营的技能。

管理工作的任务不是一劳永逸的，必须随着环境变化持续开展。农民需要相应的技能来承担这些任务，有效地适应外部变化并提升竞争力。

> 农民每天都面临由于市场信号和天气的不断变化带来的新挑战。这两个方面都影响农民对生产资源的利用。
>
> 农民在做出决策时不能不考虑未来前景和未来风险。

现代农民需要问自己下列问题：

- 我怎样做出合理的管理决策？
- 我如何应对市场变化及其带来的挑战和风险？
- 我如何保持盈利和竞争力？
- 我如何以企业家角色管理自己的农场？
- 推广服务中，我需要得到哪些专业方面的支持？

各种规模的农户和他们的支持机构，都越来越相信农业必须采取企业化经营，否则未来发展机会渺茫。这意味着他们必须更加面向市场生产，具备做出知情管理决策的技能和能力，并把盈利作为从事农业经营的主要目标。

> 要想在未来农业行业中竞争，农民必须具备相应的能力和技术来做出合理的知情管理决策。

＊　＊　＊

三、经济学和管理决策

要想保持农业生产的盈利性和竞争力，农民需要相关技术和知识来做出更好更明智的决策。这就要求进一步学习经济学，这也是提升决策能力的核心所在。

　　什么是经济学？经济学是在特定环境下作出选择从而实现目标的一门科学。农民面临的环境是有限的可用资源和机会的不确定性。农民用于生产作物和饲养牲畜的资源叫作投入品，投入品不是可以无穷无尽地获得的。资源是稀缺的，种子、肥料和水不是无限供应的。这意味着农户必须谨慎、节约地使用有限的资源。对于利用有限资源的这类研究被称作经济学。

　　没有任何决策是经济学不适用的。经济学可以用来选择最盈利的农场业务，做出最有效的资源分配，以及选择销路最好的市场渠道。农户的市场决策和生产决策是同等重要的。在实践中，农户的生产决策和市场决策是紧密相连的。

　　经济学涵盖市场决策和生产决策。生产决策中最重要的是投入品的使用、技术的选择和经营业务类别的选择。

> 经济学是提升决策能力的核心。

大多数农民需要做出的决策：

- 实现农场利润最大化的单次投入量是多少？
- 使用哪种投入组合能够把成本降到最低并实现农场利润最大化？
- 使用哪种技术可以使利润最大化？
- 生产什么？

这些问题涉及资源分配，技术的选择和业务选择。

资源的分配

　　农民面临的难题是，使用多少投入品可以使利润最大化。这包括生产一种产品时使用的种子、肥料和人工。这个问题也可以通过产出来理解，即每公顷土地、每头牲口甚至整个农场处于什么生产水平时是最盈利的？

技术的选择

这里的问题是要知道哪种生产方法和技术是最有利可图的。生产一种产品有很多工艺方法可以选择。农民想要有效地参与竞争，必须选择最经济的方法。获利较少的方法，即使掌握得再娴熟，也必须摒弃，要采用能够产生更多利润的方法。

业务的选择

农民通常要在存在土地资源和其他资源竞争的业务中作出选择。一项业务的扩张会伴随着另一项业务的缩小。作出选择的基础是哪项业务更能盈利。

✳ ✳ ✳

可供农户利用的资源是有限的，机会也是不确定的，农户需要做出恰当的决策来选择最适合农场经营的业务；做到最有效的资源配置；并选择最有销路的市场渠道。

© FAO/21647/J Spaull

为奶牛配置饲料

© FAO/19864/R Jones

选择适宜技术

© FAO/15149/A Conti

利用灌溉技术实现作物多样化

鱼类养殖是获得收入来源的又一选择

　　农户要做出实现设立的目标的知情决策，就要了解一些经济学原理和概念。没有任何一项农业决策是经济学不适用的。

四、风险管理

　　农户生活在充满风险的环境中。这些风险与他们工作的各个方面相关。农产品的市场价格不断变化，农产品需求也可能迅速发生改变。如果价格跌幅太大，农民可能会亏损并且无法对农场进行再投资，从而被迫退出这个行业。

　　农户也面临着气候变化的风险。比如不下雨，或下雨了但时机不佳。此外，也有遭遇洪水的风险。这些后果可能是灾难性的。

　　市场导向型农业存在的机会越多，风险也就越大。农民面对的是动态的、多元化的，且充斥着巨大风险的市场。举例来讲，某些风险可能来自于与买方发展的关系。例如，当供应商或买方不兑现自己的承诺时，可以做些什么？当他们能够获取的信息很少并且面对着不平等的权利关系时，他们怎样协商？此外，一些风险也可能来源于生产者之间的相互关系，比如来自个人种植户之间或不同生产团体之间的过度竞争。

市场导向型农业存在的机会越多，风险也就越大。
成功管理的关键是合理地承担风险。

收获时的作物价格、能够雇佣到的劳动力、设备故障、技术变革、政府政策以及天气条件都是影响农场收益和收入水平的因素。

农户在做出决策时不能不考虑未来和未来风险。未来是不可预测的，风险总是存在。排除风险的同时也把利润挡在了门外。

成功的市场导向型农场管理在于承担与农户目标一致、财务上可以承受的风险。

成功管理的关键是合理承担风险。识别合理风险要求了解风险来源、发生概率及其对农场业务的影响。最后，农民需要决定，潜在损失是否高到需要采用有经济成本的风险管理策略。这是一个用于权衡预期损失和风险管理成本的实用管理决策。有时要求决策者在利润最大化和计算风险后确保稳定收益之间做个权衡。

风险管理的目标是在农场的风险暴露和收益增加之间获得平衡。达成这一平衡需要考虑到风险的来源、降低风险的方法、承担风险的意愿和能力，以及备选策略能够带来的收入潜力。风险管理的目标不仅仅是降低风险。谨慎的风险管理可以帮助农户选择如何最好地利用资源去实现个人和企业的目标。

有效的风险管理的关键是使用真实的信息。这种信息的一个重要来源是有一套完善的关于农场业务数据的记录。只有利用这些数据才能准确地预估风险。

风险管理策略受到农户承担风险的能力和对风险的态度的影响。简单地说，就是农户手头的资金总量以及他们对现金的需求。对现金的需求量越大，农民就越不愿意承担风险。

识别哪些是合理的风险，需要更好地了解风险的来源……
他们发生的概率以及……
……他们对农场经营绩效的影响。

✳ ✳ ✳

© FAO/20833/R Messori

农民一方面要生产足够的粮食来养活家庭，同时还要确保农场经营的可持续性盈利……

……这就要求他们具备做出合理决策的能力，降低发生风险的可能性。

木瓜与咖啡间作是降低风险的一种策略

© FAO/18309/P Cenini

树篱的间作——另一种分散风险的方式

© FAO/10413/F Mattioli

间作与滴灌

© FAO/22147/H Wagner

使用脚踏泵进行灌溉

© FAO/24745_0451/R Boschi

使用水泵进行灌溉

© FAO/24665_0205/G Napolitano

即使是非常基本的灌溉方式也能帮助规避风险

五、具备竞争力和盈利性的农业经营

在瞬息万变的环境中，农民不仅要与邻居农户和本地农户竞争，同时还要与世界各地的农民竞争。因此，农民必须不断地审视他们生产的产品的竞争能力。

农场的可持续经营和运转靠的是自身的盈利能力和竞争力。盈利能力指农场如何有效利用现有资源使收入大于成本。

> 农场企业可以通过有效的组织管理来获得比较优势。

盈 利 能 力

如果农民向市场出售农产品的成本价格低于该市场的市场价格，那么他们就是盈利的。但竞争力意味着以低于竞争对手的产品价格出售并仍保持盈利。要做到这点，农民必须更有效地利用资源和投入。

竞 争 力

只要有充足的资源，农民生产具有比较优势的产品，有利于实现利润的最大化。农场企业可以通过有效的组织管理来获得比较优势。正如我们在前面章节中提到的，这些组织管理包括以提升产品质量、农民技能和能力素质为目的组织机构、农场经营和市场营销等各项活动的改善。任何一项活动中，有竞争力的农民都比其他农民更有效率。

在生产和生产后环节引入先进技术对农民提高竞争力尤为重要。例如，开发人力资本，提升农民及其家庭成员的技能和能力，有效利用雇佣劳动力都可以提高农场的竞争地位。

农民经常感到他们对产品报价缺乏掌控力，这也往往制约了他们的竞争能力。然而，不断变化的市场经济为农民提供了机会去开发多样化、专业化、品牌化的产品，可以瞄准"利基市场"进行生产，也就是去生产差异化的商品，而不是同质性的商品，例如生产有机水果，或是只能在特定区域获得的独特肉类产品。农民可以通过为某一利基市场生产专门的产品而实现产品差异化，也可以通过在某一年的特定时间、几乎没有竞争对手时生产某种产品，从而创造利基市场。

> 要具备竞争力，农民必须正确评估竞争水平。

农民这样做时，就成为了"价格制定者"，对于自己生产的产品价格拥有了更强的掌控力。身为"价格制定者"的农民在与贸易商谈判时就获取了较大的优势。但是由于市场中生产者竞争比较激烈，农民还需要商业技能来参与竞争。

总之，农场的企业化经营可以使农场通过协调高效的组织管理获得比较优势。恰逢时机的销售需要协调一致地进行投入、生产与营销。有效协调农场与供应商和购买方的关系能够降低成本。例如，通过减少投入品或产品的库存需求来降低成本。

上述各个方面的良好农场经营管理都可以赋予农场比较优势。农场的每项活动都决定了其相对于竞争对手的成本高低。影响一个农场竞争力的因素来自于农民的管理策略、执行能力以及农场业务的发展能力。

要具备竞争力，农民必须正确评估竞争水平。他们必须评估生产成本的水平，并设法使其降到最低，同时尽力保证高质量的产品和高市场价格。

比较优势的标志

- 在农场组织、农业生产经营、市场营销方面的强有力的管理和专业技能。
- 良好的生产、营销和融资策略。
- 在利基市场中销售产品。

- 比竞争对手更低的成本。
- 比竞争对手更高的利润空间。
- 稳定的、"良好的"市场销路。
- 有效且高效地利用资源。
- 明智且恰当的技术选择。

这些农场业务都需要与竞争对手相比较。农民需要具备一定的技能来分析上述方面的优势和劣势，这有助于更好地深入了解不同农场的竞争力。需要考虑的事宜包括：农场的规模、位置、生产方式、场龄（经营农场的时间）和农场设备状况，专业化和多样化的程度，以及农场与市场联结的形式和能力。

一个农场的业绩表现可以通过"标杆"衡量。选择盈利能力、效率、技术表现等指标，并与业绩更好的一个农场或几个农场进行比较，从而明确自身的优势和劣势以及提高业绩的方法途径。标杆管理法的一个重要内容是了解为什么一些农场是盈利的、高效的，且在某种情况下具备持续的竞争优势，以及如何维持这种成功和竞争优势并将其经验复制到其他农场（本丛书包含逐步指导推广人员开展标杆管理的指南）。

比较劣势的标志

- 不适宜的农场管理和专业技能。
- 比竞争对手更高的成本。
- 比竞争对手更低的利润空间。
- 不匹配的销售策略。
- 忽视市场需求和要求的生产。
- 不能抓住机会。
- 技术选择不佳或者不统一。

＊ ＊ ＊

六、企业家精神

由于农业环境的不断变化，许多农民面临着巨大的财务和经济压力。农民不仅要在价格波动和成本上升时努力求生存，还要尽力保证农场的长期可持续发展。农民不仅需要成为优秀的管理者，还要有企业家精神，具备创新意识、冒险精神和长远的商业眼光。他们需要积极应对未来的威胁。想要在不断变化的环境中取得成功，农民必须具备应对变化的能力。

许多人认为企业家精神是学不来的，它根植于一些农民的人格和性格特点中，不是教会的，而是天生的。还有人认为，创新精神和农业管理方法是可以培养和改善的。这是两种截然不同的观点。然而，尽管人格和性格特点决定了一个人是否具有企业家精神，并不代表所有具有这样特点的人都能成功。企业的成功是可以通过技能和能力培养来实现的。

从长远角度来看，管理一个农场需要从创造一个愿景开始，需要确定扩展资源的方式从而完成任务并解决问题。这些不仅需要有良好的管理技能，还需要具备领导能力。作为一个领导者，农民必须为农场经营制订战略计划。

农民企业家可以针对农场未来5~10年的发展提出以下问题：

- 要将农场传承给我们的后代吗？
- 利润增长的长期目标是什么？
- 农场应生产什么类型的牲畜和农作物？
- 为满足长期目标，应怎样规划几年来的土地、劳动力和资本的获取或者重新分配？

农民企业家

农民企业家要做出战略规划并实施。他们必须站在一个更高更远的角度来考虑农场的业务，找到提升农场业务竞争力的途径。这包括令购买者满意、达到农场绩效目标和实现长期目标。企业家精神是具有前瞻性的。成功的企业型农场需要具备新的态度和技能。

农民企业家的视野不能只关注生产目标和相关事宜。正如本指南所说，营销是需要改善的、至关重要的环节；管理风险和财务状况也需要付出更多的努力。随着农场规模的扩大，人力或人事管理也将变得重要。雇佣不合适的劳工（长期的或临时的）会很快影响到生产力和业务的成本。为保证农场的盈利能力和竞争力，需要在上述所有领域进行强有力的管理。

> 有一些农民具备企业家的天赋，但对其他农民来说，需要通过培训以及来自推广工作方面的支持来提升他们自身的管理技能。

农民在新的商业环境中必须同时履行两种角色——管理者和领导者。这些角色并不存在于真空中。配偶、孩子、雇员、投入品供应商、采购商、消费者、推广人员及其他人员共同构成了农户的团队。好的领导者和管理者会与团队共同决策。虽然农场领导者和管理者负有最终责任，但能够体现共同投入和共同分担责任的决策才更有可能获得成功。

领 导 技 巧

- 创建愿景，确定扩展资源的方法并完成任务。
- 注重战略规划。
- 明确自我发展目标。
- 做正确的事。
- 注重长远。
- 找到通向成功的最佳阶梯。
- 永远未雨绸缪。
- 以终为始，从目标出发思考问题。

在未来取得成功的农民将兼具领导力和管理能力。他们将决定自己的目标，以及怎样实现它。他们不仅要把事情做好，还要通过做正确的事情使他们业务成功的机会增加且蒸蒸日上。认识到领导能力与管理能力的不同对于农民有效地掌握这些技能至关重要。

＊　＊　＊

第三章

农业推广工作的职责

一、要　　点

市场导向型农业

推广工作同样受到农业变化的影响。农民愈发感到要对农场活动的性质做出根本决策。很多农民面临转变农场经营方式的需求，使农场更加以市场和盈利为导向。推广服务能帮助他们完成转变。

农场管理推广

推广工作需要直接针对提升小农户的竞争力和盈利能力。推广应该支持农民的能力建设，更好地管理资源和做出市场决策。推广人员必须同时具备农民需要的这种能力。他们需要重新定义自己的角色和推广的内容，以便更好地反映农民不仅是生产者也是农业企业家。

农场管理专家的任务

农场经营管理支持是高度专业化的任务并且是稀缺资源。农场管理专家与为农民服务的一线推广人员紧密配合，在培训、技术支援和指导方法上帮助一线推广人员。他们提供相关信息，帮助建立农民小组、判断农场运行情况，并提供一条决策者、推广服务人员、农民和相关价值链上的其他角色之间重要的双向沟通渠道。农场管理专家需要一系列知识和技能来完成支持农民向市场导向型农业企业家转型的任务。

一线推广人员的任务

一线推广人员通常是具有园艺、作物或者家畜管理背景的通才，但涉及管理和营销方面的工作也越来越多。他们的主要任务是去收集支撑农民决策的数据，并向农民传达信息以便他们做出正确的管理决策。为了做到这一点，一线推广人员的工作任务就扩展成了多方面，包括：收集编辑数据、发布数据、培训指导、小组推广支持和组织农民。

随着农业生产经营竞争越来越激烈，农场管理推广已成为必须纳入到所有推广服务的重要专业领域。一线推广人员直接与个体农户、农民小组或农民组织接触，也需要有这些专业技能。

二、农场管理推广

农民在新的农业环境中竞争需要越来越多的知识和技能。他们可能需要获取发展新技术、多样化生产并探索发现新商机。在这个背景下，推广工作者的角色就尤为重要。推广需要直接针对小农户发展技能和培养能力，增强他们的盈利能力和竞争力。

农业生产经营上的变化对推广人员也产生了广泛的影响。他们从仅仅提供生产问题的技术解决方案转变为更广泛地理解农民诉求和市场机遇。仅提升农民的技术知识是不够的，还需要同时提高他们的企业经营和管理能力。推广人员要有效帮助农民应对挑战，要具备农场管理和企业经营的知识和能力。

推广服务必须从技术转移向农场企业多元化和商业化经营转变。
这意味着从提供生产问题的技术解决方案向更好理解农民面对的广泛挑战的转变。

推广服务必须重新定位，服务内容必须更好地反映小农户同时作为生产者和企业管理者的特点。推广服务需要对生产导向的农场再次指导，帮助农民向市场导向转变。

推广服务也应该向价值链上的其他利益相关者开放，包括贸易商、加工企业和其他中小型企业。这进一步说明需要对推广人员进行全价值链的充分培训和信息指导。

投入品供应。除了要知道什么投入品最好，推广服务必须注意价格的影响并鼓励农民和供应商良好合作。

生产。除了知道最好的技术和生产体系，推广服务还需要懂得盈利能力的概念，并灵敏地抓住机会通过增长型策略实现规模经济，如产能扩充、经验复制和现代化。

营销。 推广服务需要留意市场变化对生产系统和收获后运营的影响。

收益。 推广服务要意识到影响农场盈利能力的因素，并抓住机会推进多样化经营、降低农产品生产成本、扩大经营规模、增加农场附加值和实现产品差异化。

所有这些推广服务的能力都与农业生产中的"人"有关：农民、家庭情况以及他们的目标和偏好。

进一步讲，想要农民变得更加具有企业家精神，需要认真培养基层的积极性和农民的学习能力，包括促进、建立、支持各种关系网络。

许多推广中的所谓"新"的工作可以通过"农场管理推广"实现。通过推广工作帮助农民根据现有资金、劳动力、土地资源和市场情况做出正确的决策。决策制定过程包含调查和选择两大步骤。调查指找到有哪些管理战略并对其进行评估；选择指从中选择合适的战略。

> 想要农民变得更加具有企业家精神，需要认真培养基层的积极性和农民的学习能力。
> 农场管理推广帮助农民学会如何自己分析、解释和确定合适的战略管理行动。

需要通过农场管理推广增强农民良好资源管理和市场决策的能力。

© FAO/9717/F Botts

农场管理工作者以同样的方式给一线推广人员和农民提供信息

推广服务需要将专业的农场管理作为技术支持不可或缺的一部分。

农场管理专家促进市场联系（准备用于出口的草莓）

推广人员和农民在示范现场（新引进的蔬菜）

农场管理推广工作中，良好的沟通能力是必备技能

妇女对学习管理技能更感兴趣

© FAO/17246/S Jayaraj

女性推广人员有助于在女性农民群体中建立自信

农场管理专家的一个重要作用是，给推广人员和农民商业信息，帮助诊断农场经营情况，提出增加农民收入、增强农场盈利能力及农场效益的方法。

农场管理推广帮助农民学会如何自己分析、解释和确定合适的战略管理行动。推广工作人员在其中发挥着重要作用，负责采集、解释和发布信息，是向农民和乡村社区提供信息的通道。

但是，如同我们所见，培养农民的企业家精神需要做的远不止于此。它还要包括农民能力建设以及游说、倡导营造利于企业家精神发展的环境。

为营造利于农民企业家成长的环境，农民需要了解市场机会、市场选择以及在市场导向型农业中可以应用的技术和做法。农民还需要成立生产小组或合作社，这样才能成为整个价值链的参与者。推广人员有责任帮助农民开展上述工作并以此提高农民的竞争力。总之，农场推广专家和工作人员的目标就是帮助农民更好地应对挑战。

推广工作在农民向市场导向型农业的转型中发挥着重要作用。

三、农场管理专家的任务

农场管理专家扮演着多重角色，包括政策制定、给农民更有效的推广支持并加强农民、投入品供应商和市场销路之间的联系。农场管理专家要具备较高的素质，招聘标准更高，要求在经济学、市场营销和商务管理方面接受过良好的培训。

农场管理专家在推广工作中的任务是让推广工作人员和农民知道怎样最佳利用农场资源——这可以通过分析农场资源组合的有效性实现——并发现新业务以及市场渠道。

农场管理推广工作人员除了传统的生产技术指导任务外，还有其他角色，比如推动者、交流促进者、沟通磋商者、变革促成者、顾问、学习引导者。

农场管理专家还有给农民提供增加决策广度的信息并帮助他们完成决策的职责。

农场管理推广职能

推动者。培养农民的能力并创造利于农民实现最佳表现的环境。

交流促进者。帮助在农民之间以及农民其他利益相关者之间建立联系，提升农民在价值链中的地位。

沟通者和磋商者。向农民传达商业信息并在必要时代表农民进行磋商和游说。

变革促成者。帮助个体农户或农民组织实现生产和组织弹性所需的变革。

咨询顾问。为个体农户和生产小组提供解决问题和实现改善的建议和帮助。

学习引导者。培养农民自主学习的能力，使农民日后可以持续不断地学习。

农场管理专家还有给农民提供增加决策广度的信息并帮助他们完成决策的职责。专家仅仅帮助调查，把一线推广人员和农民当作是决策者，留给他们最终策略的选择权。

另外一个职责是发现市场机会，促进生产者小组和市场销售渠道的联系。这要求农场管理专家有能力把农民通过加入小组、协会和合作社组织起来，同时还要具备关于签订合同方面的知识，用来促进农民与市场的正式或非正式联系。

农场管理专家帮助推广人员和农民诊断他们农场系统的问题，并评估转变可能产生的影响。他们提供帮助农民做出选择的信息和建议，增强他们的竞争力和盈利能力。

> 农场管理推广专家要具备组织农民加入小组、协会和合作社的能力，并帮助促进建立正式和非正式的联系。

标 杆 管 理

标杆管理是农场管理专家可以利用的工具之一，用来帮助农民提高效率、盈利能力和竞争力。标杆管理就是发现那些在某件事上做得最好的农民，知道他们是如何做到的，从而向这些人学习并提高农场绩效。这些农民的做法是其他农民做事的标准或标杆。

标杆管理包括研究选定农场的实际业绩，并与同等规模和相似农业系统的农场相比较。目的是认清自身优势和不足并采取措施提升农场的绩效。标杆管理提供了比较的标准。它可以用来：

- 研究和对比农场绩效。
- 对比生产水平，研究农场是否在技术上有效率。
- 对比生产成本，研究农场是否在经济上有效率。
- 检查生产和销售过程是否合理。
- 通过学习其他农民的经验来催生新的想法。

标杆管理让农民通过自己总结经验和向其他农民学习来提高农场业务

的效率。它鼓励农民批判性地看待成本和收入。

农场管理专家帮助推广人员和农民诊断农业系统的当前问题，并评估转变可能产生的影响。

农场管理专家为政策制定者、推广服务和农民提供了重要的双向沟通渠道。

农场管理专家为政策制定者、推广服务和农民以及价值链上其他的参与者提供了重要的双向沟通渠道。推广专家通过调查，把从农民那里搜集的信息反馈给政策制定者和研究人员，从而促进惠农政策和研究方案的形成。推广人员和研究人员之间的联系也有助于促进科研成果的转化，形成经济上可行并更适用于现有农场体系的建议。

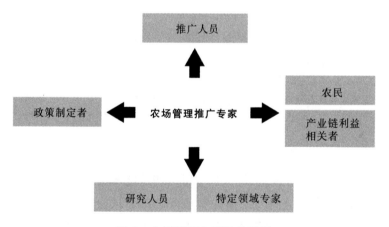

图 6 农场管理专家的关系网

农场管理专家有四个方面的重点工作：

- 选择业务和生产工艺。
- 改善销售并获得更好的价格。
- 减少成本和损失。
- 制定推广工作框架。

1. 业务选择和生产工艺

专家需要给推广人员提供信息，哪项业务可以产生更好的收益，以及生产选择如何能影响盈利能力。

2. 改善销售并获得更好的价格

专家应从农民的角度考虑他们的销售问题主要是什么以及他们有什么想法去解决这些问题。

3. 减少成本和损失

专家同样要意识到一项业务在农场层面和价值链层面的成本和回报。

4. 推广框架

专家还应该为推广人员制定一个推广工作任务框架，给他们提供一个技术工作以外的视角。

> 农场管理专家需要一系列的知识和技能去支持农民变得更具有企业家精神。

总之，农场管理专家需要一系列知识和技能来支持农民向企业家和市场导向型农民转变。他们需要精通塑造成功的农民企业家的核心能力。也就是说，他们必须在投入管理、生产管理和市场管理方面接受过充足的培训并具备丰富经验。他们还必须具备诊断、规划、组织、领导和控制等核心管理能力。同时他们必须拥有特别的知识和技能来帮助推广人员和农民获得这些能力。

＊　＊　＊

四、一线推广人员的任务

除了提供技术支持外，推广人员越来越多地涉及管理和市场任务。这个领域工作的挑战是把这些技能整合到日常的推广任务中。这需要农场管理专家的强力支持。

推广人员越来越多地涉及管理和营销工作。

农场推广人员在农场管理和营销中的重点任务是什么？笼统地来说，是收集数据用来支持农民决策，以及向农民们传达信息保证他们能做出好的生产、市场、投入和设备采购等方面的管理决策。

推广人员有 6 项主要职责：

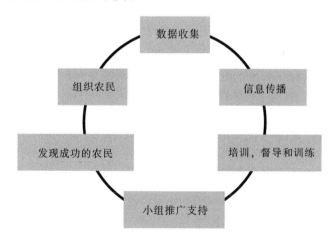

图 7　推广人员的主要职责

在传统的推广工作中，学习的重点是诊断。而面向农民企业家的推广应该着重于未来规划。重点支持农民培养探究精神、创造力和洞察力、有效沟通的能力以及解决问题并抓住机会的能力。农民向企业家转变也要求学习方法的转变。

1. 收集数据

要做出良好决策，农民需要不同来源的信息并能够高效利用信息。推广人员能帮助农民收集所需的农业技术市场信息（价格和需求数量）、生产成本和投入品等信息。当然其中一些信息可以由推广管理专家提供，但是一线推广人员是本地信息收集和传播的媒介。

推广人员在工作中可以通过多种渠道产生和收集农场信息（例如，示范农场和农场试验研究的数据）。他们还可以鼓励农民记录并分享农场经营的信息。产品价格、市场销售渠道、投入品供应商等市场信息也可以收集并通过产品需求量进行评估。推广人员有责任发现数据来源，帮助农民进行价格数据分析并对营销产品的成本进行分析。他们还应就可靠的投入品和设备来源给农民提供建议，以及向农民证明市场信息如何帮助他们得到更好的价格和支持农场规划活动。

除了收集数据和信息，推广人员需要分析数据及判定约束和机会的能力。分析市场、选择市场渠道和应对市场变化的能力是盈利性农场管理的必要组成部分。农业数据通常通过示范农场、农场试验研究和农场工作记录等渠道收集。

> 农民向企业家转变也要求学习方法的转变。
> 收集数据的任务需要农场管理专家的大力支持。
> 除了数据和信息收集，推广人员也必须具备分析数据的能力。

示范和农场试验研究。推广人员的一部分日常工作包括在专家的支持下开展农场试验和示范。他们也可能负责组织和管理试验和示范。

农场试验和示范的数据要求

背景数据。土地使用或田地的历史，包括作物耕作方式或畜牧养殖方式（整地方式、产量、土壤肥力管理、轮作、残茬管理、土壤类型、质地、斜度、地质、植被、节水体系和休耕期）。

技术投入数据。投入品的类型、使用量、生产方式、家庭劳动力及雇佣劳动力要求。

投入产出反馈数据。在不同技术条件下农作物生长情况的数据（田地和作物准备、活胎数、发病率、粮食产量或牲畜增重情况）。

产品价格和投入成本数据。投入和产出价格的数据，数据来源包括个体农户、农民小组、投入品供应商和购买方等。

农民评价数据。基于农民自己观察的关于农作物生长和产品质量的数据。

随着越来越多的农民为市场生产，试验和示范对检验新的业务能否创造更多市场机会来说，变得越来越重要。试验和示范的目的是产生完整可靠的数据，从而让农民信服试验和示范结果。试验和示范应针对技术和投入品使用的对比，促进市场导向型农业企业的发展。

> 农民在技术开发和转化过程中的积极参与是十分重要的。

推广人员有责任带领农民获得数据来源并收集数据，帮助他们做出知情决策和获得更高的业务回报。例如，当农民采用新的做法时，他们需要知道投入成本。关于这种投入品的数据，其使用量、成本以及货源对农民作出转变都非常重要。

农民在技术开发和转化过程中的积极参与是十分重要的。推广人员应该鼓励农民带头进行技术开发，这是培养农民企业家能力的一部分。而且，农民对示范的反馈可以把采用不适宜、不经济的技术的可能性降到最低。

农场记录。农场记录是产生和收集数据重要的一环。有些农民不愿意作记录，认为农场业务都是按部就班地进行。但是作为市场导向型农民企业家，他们很快会看到记录的好处，尤其是他们需要开展多样化生产和引进高价值商品业务的时候。农场记录在计算利润和效益时非常有用。

任何情况下，推广人员都应该开发简单的数据记录系统，使农民可以记录、监控和分析他们开展的业务和采用的技术。推广人员不是自己开发记录系统，而是应该与农民一起开发并充分考虑到农民的识字和计算水平。文化水平不高的农民可能会需要简单的记录系统和视觉化的记录工具来记录重要数据，并与其他人分享信息和经验。

> 鼓励农民带头进行技术开发，是培养农民企业家能力的一部分。
> 开发简单的数据记录系统，使农民可以记录、监控和分析他们开展的业务和采用的技术。

开发和使用记录系统时，要注意让农民懂得只需采集真正重要的信息。如果数据根本用不到，就没有必要花时间去记录一项生产业务或计算一项利润。

推广人员应鼓励农民即时记录实物投入、劳动力和其他成本。这样可以避免日后凭回忆去记录，而回忆往往是不准确的。最后，推广人员应该定期拜访农民，帮助他们保持记录并收集农民记录的数据。

通过示范、农场试验和标杆管理，推广人员能帮助农民发现约束条件、薄弱环节（及其原因）以及从全局或局部推进农场系统的潜力。一旦找出问题并列为重点，推广人员能帮助农民制定策略克服约束条件和薄弱环节，并抓住机遇进一步发展。简而言之，推广人员应促进农民之间的交流，与农民一起观察示范和田间试验结果，对农场或选定业务的情况作出诊断，并应用这些信息提升农民作为企业家的能力。

2. 信息传播

推广人员在信息传播工作上扮演了重要的角色。他们负责提供知识和信息使农民能够做出知情决策。他们还有责任促进农民使用这些知识。

> 进行示范、农场试验和标杆管理帮助农民发现约束条件、弱点和需要改善的领域。

虽然推广人员不一定要做数据处理，但传递收集和经过分析的信息是其工作中至关重要、也是不可或缺的一部分。推广人员的任务是向农民传达可以用来做出合理决策的信息。推广人员必须花精力去做到这一点，而这也需要相应的技能才能实现。

农场管理专家做出的农场调查和诊断结果只有与农民共享才是真正有用和有价值的。仅仅找到问题的解决方案是不够的，还需要有效传达给农民解决方案的途径并保证解决方案传播的广泛性和经济性。这需要双向的信息交流。农场管理专家必须把信息传达给推广人员，因为推广人员有责任向农民传播信息。需要交流的农场管理信息包括新技术、新业务和引进新技术、开展新业务的预期利润。

信息传播的另一方面是农民之间的信息共享。如前文所述的，在变化的经济中取得成功的关键因素之一是与其他农民建立合作关系（以及与价值链上其他的参与者建立合作关系）。伙伴关系的重点之一就是信息共享。农民能够产生、记录、解释和分享的信息越多，成功的可能性就越大。推广人员要在农民中培养这种关系，培训农民学会建立并利用这种关系。

除了建设农民的能力，信息共享还有一个额外好处是给推广工作增加了有力的合作伙伴，即农民。推广能力提升继而会提升整个农业部门的能力；农民也在这个过程中成为至关重要的力量。

> 推广人员的工作是传达和提供给农民能做出良好决策的信息。
>
> 推广人员能帮助农民获得他们需要的关于农业技术、市场信息和生产成本等方面的信息。

3. 培训、督导和训练

推广人员还有培训师、促进者和催化剂的角色。他们要产生和传递知识，促进农民的个人发展。其中的一项工作是建立农民的自信，并培养农民与专家交流并学习专家成果的技能和能力。

虽然正式培训可以提供给农民做这项工作的工具（能力），但最终农民可能无法达到独立工作的标准。事实上，农民只有学以致用才是真正的学习。培训要带来行为的改变，这就是为什么需要训练，要把学习转化为持续的行动。

训练包括指导农民在接受正式培训后改善或提高他们的表现。训练是推广工作非常重要的一部分，是对农民现状的升华。训练有助于农民巩固加强学到的知识和技能，并以自信的姿态投入到实践中。训练还包括帮助农民反思他们的表现，找到并执行改进农民表现的工作方法。

> 推广人员在对农民进行培训、督导和训练从而改善管理的过程中发挥着重要作用……
> ……当然，前提是农民可以学以致用。

但是培训和训练可能有重叠。有时候在训练中会发现有人明显没有足够的技能或背景知识，这时就应该停止训练而开始培训。培训和训练是一个发展的连续体。培养能力的关键是形成行动—反思—学习的模式。

4. 对小组的推广支持

以小组为单位的推广方法可能提高推广工作的覆盖面，因此更加符合成本效益。以小组为单位推广，推广人员可以接触到更多农民，有些是之前从来没有接触过农业推广工作的农民。小组推广还有利于促进农民之间的学习，而农民相互学习是能力建设的强有力的工具。

> 推广人员可能必须通过组织农民学习小组来有效接触到更多农民。
> ……这也提供了一个农民之间相互学习的机会，这被证明是推广的一个有效办法。

以小组为基础的推广需要农民的积极参与。推广人员由于可以与价值链上的不同参与者接触，从而使推广工作变得更加有效。小组推广能提供：

- 更大的覆盖范围和成本效益。
- 通过相互促进和共同学习而形成的更有效的学习环境。
- 一个开展集体行动和合作的联络点或联系人。

农民小组的建立可以让推广人员利用小组会议的机会去提供建议、展示技术、传播信息、培养伙伴关系和促进农民之间的相互学习。一次访问可以接触、动员和支持很多农民。

小组推广还能提供一个更具有反馈性的学习环境，农民可以倾听、讨论并决定是否参加推广活动。农民小组可以帮助个体农户做出决策并决定课程方向。小组创造了一个支持性的氛围，个体农户可以通过与组员讨论新想法和尝试新实践而变得更有自信。

5. 组织农民

农民必须要向购买者提供大量可靠的原材料，因此他们需要把自己组织起来，通常是以生产小组的方式。在地方层面，农民越来越依赖推广服务去获得组织和注册登记的帮助。但是许多农业推广人员可能不具备组织农民小组的技能和知识，也没有时间去做这件事。在一些国家，非政府组织承担了这个角色。一旦农民组织建立起来，他们就可以与为他们提供培训、技术和管理支持的推广官员一起工作。

农民小组通常发展缓慢，因为他们会遇到很多问题。比如领导力差，识字率低，缺乏财务问责制度，依靠外部资金、缺少企业专业技能以及缺乏主人翁意识。农民小组要做到可持续，农民需要更有效管理他们组织的知识和技能。

推动农民小组的建立，一线推广人员适合做以下工作：

- 帮助小组起草小组发展政策与策略。
- 促进小组之间及其与其他外部组织及个人的联络。
- 对小组成员进行小组管理培训。
- 帮助小组落实、监控和评估小组商业计划。
- 对如何通过小组的力量最大程度地减少问题提出建议。
- 跟随和指导小组直到小组有能力自主运行。

推广人员必须有充分的协调促进能力，要让小组成员真正意识到他们对指导建议的需求。推广人员还要足够了解外部网络、服务提供商和金融从业人员，并有能力把他们和农民小组联系起来。这在农民有服务需求却无法马上得到满足时尤为必要。推广人员有责任帮助农民找到专业的服务商。

由农民自己建立而非外力组织的小组可能更具可持续性。

  小组的组织和发展的协调需求取决于生产小组起始的发展程度。生产小组可能需要借助外部力量增强自身组织能力，或者，需要加强生产组织与产业链上的其他参与者和服务商的联系。

  推广人员的外部促进有助于满足上述需求。经验表明，如果农民有着共同的利益，并且能够看到小组合作带来的共赢结果，推广工作最有可能成功。最终所有的工作都应该指向小组成员可持续地独立工作。

＊ ＊ ＊

标杆管理——识别表现最好的农场和农民并向他们学习的活动。

合同联系——在买方比如加工者，和卖方比如农民之间的正式或非正式协定，规定了一些事项，比如售卖时产品的价格，需要输送的产品数量和质量等。

多样化经营——一种通过生产不同农产品让农民有一系列产品组合的策略。

经济学——利用稀缺的资源去生产和交换农产品来创造财富的研究。

规模经济——通过规模经营分摊成本而实现节约（经济）。

效率——对稀缺资源的有效利用。

农民企业家——把农场当作有增长、多样化和发展潜力的企业去经营的农民。一个有决定力和创造力的领导，不断地寻找机会去发展扩大企业，控制预期风险并获得收益并承担损失。

扩展农场——一种关注扩大农场企业规模的策略。

农场企业——一个农场企业是一个联系投入品供应商和市场销路的公司。功能包括生产、销售以及关于采购原料、技术、劳动力和运输等方面的决策。

农场企业管理——决策制定的过程包括确定、规划、评估和实施农场和商业策略。它包括三个领域：①生产，②销售，③财务。

农场企业管理决策——战略性、长期性的复杂决策。

金融——钱或与钱相关的研究。比如贷款、储蓄、购买农场设备（投资）等。

财务管理——计划、组织和控制农场企业的货币资源。

投入决策——农民关于如何利用农场投入品来种植农作物和/或饲养

家畜的决策。市场导向型农民一般会提出以下问题：向谁去买投入品？去哪里买？需要什么质量？售卖的价格？需要的数量？

投入品市场——投入品是为农民制造并专门卖给农民的。

长远决策——关于长期投资的决策。比如买一个拖拉机，搭建牲畜栅栏，灌溉系统，农场建设发展和扩大土地使用等。

降低成本——以尽可能低的成本生产和/或销售产品的策略。

管理能力——农民胜任诊断、规划、控制和领导管理投入、生产和销售的能力。

市场——把产品转换成货币的场所。

营销——将农场产品传递到买方手中的一系列活动。

销售决策——农民决定何时销售农产品的决策。问题包括：卖多少？哪里和卖给谁？多少钱卖？用哪个销售渠道？

市场导向型农业——建立在市场需求基础上，利用改良的生产技术，进行商业投入并以稳定的数量和质量销售农产品。

利基市场——一个将专门产品如有机产品转换为货币的市场。通常来说这种市场的买方数量有限。

产出市场——消费者、加工商、零售商和价值链的其他参与者购买农产品的市场。

价格制定者——农民可以制定他们售卖的产品的价格。这些产品具有差异性。

价格接受者——其购买和销售行为不影响市场价格。销售的产品是同质性的，通常称作商品。

基本活动——包括农产品的实物创造和销售等活动，包括组织、经营和销售。

生产决策——关于生产什么，如何生产，生产多少，用什么资源和如何降低生产风险的决策。

利润——支付所有成本后剩下的货币。销售产品获得的货币和生产、营销该产品支付的货币的差额。

利润率——农场企业创造利润的能力。与农场目前或近期发展有关的短期决策。

策略——农场企业的长期计划。

辅助活动——支持农场基本运营的活动，包括管理农场基本设施，管理劳动力，选择技术和购买投入。

风险——对农场企业预期产出的不确定性。风险管理能力指预估风险并找到降低风险的措施。

传统农业——利用传统的生产技术并以增加粮食生产满足农场家庭需求为主要目的的农业。

价值——买方愿意为农场生产的产品进行支付的数额。

价值链——将生产与最终消费联系起来的参与者和利益相关者，包括投入供应商、农民、加工商、批发商、零售商和消费者。

以下是农场管理推广指南丛书书目：

1　市场导向型农业：概述
　　2013，90 页

2　农场管理推广经济学
　　2008，90 页

3　农业生产风险管理
　　2008，107 页

4　运用标杆管理法进行农业企业分析
　　2010，142 页

5　农业生产中的企业家精神
　　2012，127 页

6　农场管理专家在推广工作中的应用
　　2013，127 页

图书在版编目（CIP）数据

市场导向型农业：概述 /（ ）大卫·卡汉
（David Kahan）著；黄敏等译 . —北京：中国农业出
版社，2017.3
ISBN 978-7-109-22186-4

I.①市… II.①大… ②黄… III.①农业经济管理
IV.①F302

中国版本图书馆 CIP 数据核字（2016）第 232062 号

著作权合同登记号：图字 01－2017－0649 号

中国农业出版社出版
（北京市朝阳区麦子店街 18 号楼）
（邮政编码 100125）
责任编辑 郑 君 刘爱芳

北京中科印刷有限公司印刷 新华书店北京发行所发行
2017 年 3 月第 1 版 2017 年 3 月北京第 1 次印刷

开本：700mm×1000mm 1/16 印张：5
字数：160 千字
定价：39.00 元
（凡本版图书出现印刷、装订错误，请向出版社发行部调换）